Bibliografische Information der Deutschen Nationalbibliothek:

Die Deutsche Bibliothek verzeichnet diese Publikation in der Deutschen National-
bibliografie; detaillierte bibliografische Daten sind im Internet über http://dnb.d-
nb.de/ abrufbar.

Impressum:

Copyright © 2003 GRIN Verlag, Open Publishing GmbH
Druck und Bindung: Books on Demand GmbH, Norderstedt Germany
ISBN: 9783638668125

Dieses Buch bei GRIN:

http://www.grin.com/de/e-book/62465/endogene-potentiale-als-strategie-und-
theorieansatz

Rene Stange

Endogene Potentiale als Strategie und Theorieansatz

Werden die regionalen Faktoren und Ressourcen in der Regionalentwicklung bestmöglicht genutzt?

GRIN Verlag

GRIN - Your knowledge has value

Der GRIN Verlag publiziert seit 1998 wissenschaftliche Arbeiten von Studenten, Hochschullehrern und anderen Akademikern als eBook und gedrucktes Buch. Die Verlagswebsite www.grin.com ist die ideale Plattform zur Veröffentlichung von Hausarbeiten, Abschlussarbeiten, wissenschaftlichen Aufsätzen, Dissertationen und Fachbüchern.

Besuchen Sie uns im Internet:

http://www.grin.com/

http://www.facebook.com/grincom

http://www.twitter.com/grin_com

Martin-Luther-Universität Halle-Wittenberg

Endogene Potentiale als Strategie und Theorieansatz

René Stange

2003

Inhaltsverzeichnis

1. Endogene Potentiale

1.1. Entstehungszusammenhänge

Die Veränderungen der wirtschaftlichen, ökologischen und gesellschaftlichen Rahmenbedingungen in den 70iger Jahren haben zu einem Überdenken der Strategien der Raumentwicklungspolitik geführt.

Als Ursache für die Entwicklung der Theorien kann die gewachsene Skepsis gegenüber einer stärker zentralen Steuerung der räumlichen Entwicklung gelten, die in den 70iger Jahren vorherrschend gewesen ist. Man wollte somit der Entwicklungsplanung von „oben entgegen wirken., außerdem vertrat man die Idee der „Regionalisierung" der räumlichen Politik.

Der neoklassische und keynesische Ansatz und die Wachstumsstrategien stellen externe Faktoren wie Mobilität von Arbeit und Kapital und die Infrastrukturerschließung in den Vordergrund.

Regionalentwicklung wird in erster Linie durch externe Impulse bewirkt, wobei Betriebsansiedlungen durch größere Unternehmen, Zuflüsse von Kapital und Know-How und Infrastrukturbereitstellung durch übergeordnete Ebenen wie Nationalstaat oder EU eine große Rolle spielen.

Kritisiert wurde in den 70iger und 80iger Jahren die eingeschränkte Wirksamkeit und die geringe Nachhaltigkeit dieser Strategien. Kritisiert wurden aber v.a. die Ansiedlungsstrategien: Ansiedlung von extern kontrollierten Zweigwerken, Schaffung von Arbeitsplätzen mit niedrigen Qualifikationsanforderungen, geringe intraregionale Verflechtungen zwischen den Betrieben.

Die Theorien der endogenen Entwicklung wurden somit als Gegenkonzept zur Ansiedlungsstrategie formuliert und insbesondere auf periphere ländliche Räume angewendet.

1.2. Begriffsinhalte

Endogene Ansätze gehen der Frage nach , ob die in der Region vorhandenen Faktoren und Ressourcen bestmöglicht genutzt werden. Hahne (1985, S.52) definiert das „endogene Entwicklungspotential" als die Gesamtheit der regionalen Entwicklungsmöglichkeiten einer Region im zeitlich und räumlichen abgegrenzten Wirkungsbereich.

Die räumliche Abgrenzung hat ein entscheidenden Einfluss auf die Größe des regionalen Entwicklungspotentials. Es gibt somit die Obergrenze der möglichen wirtschaftlichen, sozialen und ökologischen Aktivitäten in einer Region an.

Das Wort „endogen" bedeutet aber, dass eine Entwicklungschance örtlich vorhanden, verfügbar und verwertbar bzw. selbstverantworteter regionaler Entscheidung und Nutzung zugänglich ist. Wird mit der Bezeichnung des endogenen Potentials die Bedeutung intraregionaler Faktoren gegenüber extraregionalen Faktoren aus Gründen des mittelfristig vermindert zur Verfügung stehenden gesamträumlichen Potentials betont, so lässt sich der Begriff „endogenes Potential" oder „endogenes Entwicklungspotential" mit dem Begriff des „regionalen Entwicklungspotentials" gleichsetzen.

Das regionale Potential hängt von den regional vorhandenen Ressourcen , zu denen in einer von den meisten Autoren geforderten weiten Fassung auch Fähigkeiten wie Wissen und Innovationstätigkeit hinzugerechnet werden müssen, ferner von den Möglichkeiten des Ressourcen- und Gütertransfers sowie von exogenen Einflüssen ab.

In einer häufiger verwendeten Formulierung werden als „endogenes Potential" in einem interregionalen Bewertungsmaßstab regionale „Eigenheiten" hervorgehoben.

Damit ist gemeint, dass sich örtliche und regionale Gemeinschaften wieder mehr auf spezifische, natürliche Standortvorteile, gewerbliche Traditionen, spezifische Qualifikationen der heimischen Arbeitskräfte und regionale politische Ziele und Kulturen besinnen, um auf der Grundlage dieser Begabungen Vorteile im Wettbewerb mit anderen Regionen zu entwickeln.

Fazit zur Einleitung:

Mit diesen Theorien strebte man Möglichkeiten an, eine Region wirtschaftlich und politisch, qualitativ sowie quantitativ zu stärken.

1.3. Grundaussagen

Die sozioökonomische Entwicklung einer Region hängt von Ausmaß und Nutzung der intraregional vorhandenen Potenziale ab.

Die Überwindung der Unterentwicklung einer Region ist primär nicht über exogene Wachstumsimpulse, sondern durch Aktivierung des endogenen Entwicklungspotentials anzustreben.

2. Prinzipien der eigenständigen Regionalentwicklung

Nach Hahne (1985) zielt diese Strategie darauf ab, „regionale Probleme durch Nutzung der regional vorhandenen Potentiale und unter Beachtung regionaler Eigenheiten zu lösen.

Regionalentwicklung ist nicht nur Wachstum , sondern auch qualitative Verbesserung von Wirtschaftsstruktur und Lebensbedingungen (Nutzung und Entwicklung institutioneller, sozialer, kultureller und ökologischer Potentiale).

Regionale Akteure sollten in die Lage versetzt werden, den Entwicklungsprozess an den eigenen Zielen auszurichten und zu kontrollieren. Darüber hinaus werden eine breite Beteiligung von lokalen und regionalen Interessengruppen und die Verlagerung von Aufgaben und Entscheidungsbefugnissen auf die regionale Ebene als wesentlich erachtet.

Regionalpolitik sollte dabei an die in der Region vorhandenen Potentiale anknüpfen, diese sollten genutzt und weiterentwickelt werden.

Potentialfaktoren umfassen natürliche Ressourcen (Umwelt, Rohstoffe, Energie), Boden, Kapital, Infrastruktur, Arbeitskräfte, Qualifikationen und Kenntnisse, unternehmerische Fähigkeiten, Entscheidungsfunktionen, sozio-kulturelle Faktoren und das Marktpotential.

Die Faktoren und Ressourcen sollten dabei „nachhaltig" genutzt werden. Nachhaltig bedeutet: Die Nutzung einer Ressource darf nicht größer sein als deren Regenerationsrate.

Die Freisetzung von Stoffen darf nicht größer sein als die Tragfähigkeit des Naturhaushaltes Gefahren und unvertretbare Risiken für den Menschen und die Umwelt durch anthropogene Einwirkungen sind zu vermeiden.

Das Zeitmaß anthropogener Eingriffe in die Umwelt muss in einem ausgewogenen Verhältnis zu der Zeitspannen stehen, welche die Umwelt zur Reaktion benötigt.

Des weiteren sollte die Nutzung und Entwicklung regionaler Potentiale sektorübergreifend erfolgen. Vernachlässigte Sektoren wie Landwirtschaft, Energie, Kleingewerbe und Dienstleistungen sollen stärken in die Regionalkonzepte einbezogen werden, Verflechtungen untereinander sollten gefördert werden.

Klein- und Mittelbetriebe, sollen in ihrer Innovations- und Wettbewerbsfähigkeit gestärkt werden wie z.B. durch Bildung von Kooperationen und Netzwerken in der Region.

Lokale und regionale Akteure werden als treibende Kräfte der Regionalentwicklung angesehen neben Unternehmungen sind dies Arbeitskräfte, Gewerkschaften und politische Entscheidungsträger.

Einzelne Elemente und Varianten endogener Strategien der Regionalentwicklung wurden in mehreren Ländern in den achtziger Jahren eingeführt.

3. Können endogene Potentiale in der Region bestimmt werden?

Noch nicht geklärt ist, wie sich das regionale Entwicklungspotential operational bestimmen lässt.

Die Bestimmung des regionalen Entwicklungspotentials als Outputgröße geht auf H. Giersch (1963, S. 393 ff.) zurück, sein Messkonzept geriet jedoch in die Kritik.

Will man das regionale Entwicklungspotential von der Inputseite berechnen, muss man die Potentialfaktoren identifizieren und qualitativ als auch quantitativ erfassen.

Das regionale Potential wird dabei in Teilpotentiale zerlegt und in Potentialfaktorenkatalogen aufgelistet.

Der nach U. Hahne (1985, S.60) vorgeschlagene Katalog enthält die Potentiale:

Kapital, -Arbeitskräfte, -Infrastruktur, -Flächen, -Umwelt, -Markt, -Entscheidungs und soziokulturelles Potentiale.

4. Welche endogenen Potentiale können genutzt werden?

Eine Potentialanalyse unterscheidet sich je Ausstattung und Entwicklung der Region.

Daraus schlussfolgert sich, dass solche Analysen regional bezogen unterschiedliche Untersuchungskriterien haben müssen.

Man kann unter folgenden Punkten endogene Potentiale herausarbeiten:

- Bevölkerungs- und Arbeitspotential (z.B. Altersstruktur, Bildungsstand, Beschäftigungspolitik)

- Wirtschaftspotential

- Infrastrukturpotential (z.B. Verkehrsanbindungen, Energie)

- Flächenpotential

- Regionale Identifizierung

- Entscheidungspotential (Politik)

- Touristisches Potential (In wie weit ist eine Region in dieser Hinsicht ausgebaut und welche Ressourcen sind noch unausgeschöpft.)

Die Untersuchung und die Schwerpunktsetzung der Potentiale ist wichtig für die Entwicklung einer Region. Diese muss man im Zusammenhang nach unterschiedlicher Schwerpunktsetzung der Entwicklung betrachten.

5. Inhaltliche Aspekte und theoretische Grundlegung „endogener Potentiale"

(nach H.-G. Bohle, in Anlehnug an Hahne, 1984; Strassert, 1984)

In inhaltlicher Hinsicht lassen sich in der einschlägigen Literatur drei übergreifende Aspekte von „endogenen Potentialen" unterscheiden

5.1 endogene Potentiale als regionale Produktionsmöglichkeiten durch die Nutzung regionaler Ressourcen

Die Schwerpunkte werden hierbei auf wirtschaftliche und physische Potentialelemente gelegt.

Hier geht es um Potentialelemente, die so weit ausgeschöpft sind, dass sie die regionale Entwicklung begrenzen und dadurch zugleich eine weitere Nutzung anderer regionaler Produktionsfaktoren unterbinden.

Unausgenutzte lokale Ressourcen können bergbauliche, landwirtschaftliche, industrielle sein.

Bei diesem Ansatz stehen somit infrastrukturelle, ökonomische (Arbeit, Kapital) und physische Potentialelemente im Vordergrund.

5.2 endogene Potentiale als regionale Steuerungsmöglichkeiten für die Aktivierung regionaler Potentialfaktoren

Hierbei werden die Schwerpunkte auf politische und technologische Potentialelemente gelegt.

Es wird der Frage nachgegangen wie sind die Qualitäten der politischen, technologischen Kräfte und lokaler Führungspersönlichkeiten (Rahmenbedingungen) in einer Region.

5.3 endogene Potentiale als regionale Selbstverwirklichungsmöglichkeiten hin zu einer eigenständigen Entwicklung

Schwerpunkte sind soziokulturelle, ökologische und territoriale Potentialelemente.

Deutlicher noch als beim zweitgenannten Ansatz geht es hier um räumliche Aspekte der Entwicklung.

Der regionale Lebensraum soll nicht gleich Entscheidungsraum sondern auch ein ökologisches System und kultureller Identifikationsraum sein.

Es geht bei diesem Ansatz um eine „nach innen „ gerichtete Entwicklung, die den Bewohnern einer Region soziale Verteilungsgerechtigkeit, kulturelle Eigenständigkeit und ökologische Stabilität garantieren soll.

Als „endogenes Potential" gelten demzufolge in einer Region vorhandenen kulturellen Institutionen wie Museen, Theater und Kinos, etc..

Des weiteren spielen soziale Organisationsformen wie Vereine, Arbeitsgemeinschaften und Organisationen eine wichtige Rolle.

Diese Institutionen bilden Rahmenbedingungen die regionale Entwicklung so oder so beeinflussen können.

6. Theoretische Hintergründe und strategische Zielsetzungen „endogener" Entwicklungsansätze

(nach H.-G. Bohle, in Anlehnug an Hahne, 1984; rauch und Redder, 1987; Stöhr und Taylor, 1981; Waller, 1984)

Trotz der gemeinsamen Zielsetzung einer verstärkten Nutzung „endogener" Potentiale" können die verschiedenen Strategieansätze unterschiedliche Interessenlagen aufweisen.

6.1 Zentralistischer Ansatz

Dieser Ansatz stellt die Interessen eines überregionalen Funktionsraumes in den Vordergrund, wenn es um die Nutzung „endogener Potentiale" geht. Ihre Nutzung verspricht ein gesamträumliches Wirtschaftswachstum.

Prioritäten sind das Nutzen endogener Begabungen und die administrative Effizienz.

6.2. Regionalistischer Ansatz

Dieser Ansatz verfolgt die Interessen regionaler Gemeinschaften mit dem Ziel von sozialer Gerechtigkeit und ökologischer Stabilität.

Die Prioritäten liegen hierbei bei der Bewahrung kultureller Identitäten, regionale Selbstbestimmung,. Des weiteren wird eine Erhöhung der Lebensqualität vor Ort angestrebt.

6.3. Dezentralistischer Ansatz

Der Dezentralistische Ansatz nimmt eine mittlere Position zwischen beiden Extremen ein. Aus der Sicht des Zentrums geht es dabei z.B. um dezentralisierte Planungs- und Steuerungsmöglichkeiten „von oben", z.B. hinsichtlich des Einsatzes regionaler Ressourcen zur produktiven Entwicklung einzelner Regionen.

Aus der Sicht der Region selbst sollen „endogene Potentiale" in erster Linie einer eigenständigen und „von unten" Befriedigung der Grundbedürfnisse der regionalen Bevölkerung dienen. Prioritäten liegen hierbei bei der lokalen Ressourcenkontrolle, des weiteren wird ein regionales Wirtschaftswachstum angestrebt. Auch soll dieser Ansatz der Armuts- und Grundbedürfnisorientierung dienen.

Dazu benötigt man unter Berücksichtigung der endogenen Potentiale umsetzbare Entwicklungskonzepte für die Region.

7. Aktivierung der endogenen Potentiale

7.1. Überwindung von bestehenden Engpässen der endogenen Entwicklung

Die Überwindung von bestehenden Engpässen der endogenen Entwicklung bedeutet eine verstärkte Nutzung bislang nicht ausgelasteter Potentialfaktoren.
Hierbei geht es Investitionen, Produktivkräfte effizient auszunutzen, um die regionale Produktion auszuweiten.

7.2. Nutzung regionsspezifischer Fähigkeiten und Begabungen

D.h. Teilpotentiale einer Region hinsichtlich ihrer Quantität und Qualität zu unterscheiden.
Hierbei geht es darum Fähigkeiten und Begabungen zu ermitteln, die Vorteile gegenüber anderen Regionen bringen, d.h. regionale spezifische Stärken zufördern.

7.3. Initiierung von intraregionalen Kreisläufen

Die Initiierung von intraregionalen Kreisläufen bedeutet Teilpotentiale intraregional zu verflechten.
Damit will man erreichen, das regional vorhandene Fähigkeiten und Begabungen kleinräumig vernetzt werden, gemeint sind ökonomische, sozialkulturelle und ökologische Aktivitäten.
Das Ziel ist es eine von den Bewohnern der Region gesteuerte intraregionale Integration von Produktion und Konsumtion (Steuerung der Identifizierung mit der Region).

8. Beispiele zur Aktivierung endogener Potentiale

8.1. Ein aktuelles Beispiel zur Aktivierung endogener Potentiale durch Mobilisierung regionaler Akteure ist die folgende Diplomarbeit von Markus Hilbert, Universität Augsburg 1998

Sein Thema lautete: Aktivierung endogener potentiale durch Mobilisierung regionaler Akteure – Initiativen für die Entwicklung der Region Ostwürttemberg

Durch empirische Untersuchungen nach endogenen Entwicklungspotentialen in Ostwürttemberg untersucht er in einer Strukturanalyse mehrere regionale Potentiale und Handlungsfelder.

In der ersten Phase wurden quantitativ- statistische und regionalanalytische Verfahrenstechniken endogener Potentiale aufgespürt, isoliert und bewertet.

Darauf aufbauend wurden drei dieser Felder eingehender Methoden der qualitativen Sozialforschung untersucht, um deren regionalen Struktur deren Akteure und deren Handlungsmotivationen auf regionale Initiativen konzipieren zukönnen

In der zweiten Phase wurden Sichtweisen, Perspektiven, Normen untersucht. An den Anfang wurden keine Hypothesen gestellt, sondern während des Forschungsprozesses entwickelt und permanent an der regionalen Realität überprüft.

Zur Situation in Ostwürttemberg:

Ostwürttemberg zählt zu den Industrieregionen Deutschlands. Nach der Erschöpfung der Erzvorkommen kam es zu einer ökonomischen Umorientierung auf Metallerzeugung und Verarbeitung bis hin zum Maschinenbau.

Weiter geprägt ist die Region durch die Textil, Bekleidungs- und Lederindustrie.

Die Dominanz traditioneller Branchen führte vor allem in den 90iger Jahren zu massiven Arbeitsproblemen.

Mittels der Anwendung einer Strukturanalyse wurden regionale Potentiale aufgedeckt und aktive Handlungsfelder für die weitere Arbeit isoliert.

Es wurde folgende neun Strukturanalysen empirisch untersucht:

1. der Bereich der Gewerbeflächenproblematik

(Schaffung von interkommunalen Gewerbegebieten, Schaffung eines pragmatischen Flächenmanagements)

2. ökonomische und telematische Entwicklungschancen wurden untersucht.

3. Untersuchung von Bildung und Forschung

4. Regionale Wirtschaft ist im hohen Maße Export orientiert wird aber weder von regionaler und kommunaler Seite unterstützt.

5. Hohe Wirtschaftskompetenz gemessen über Umsatzzahlen, Beschäftigte und Forschungsaktivitäten im Bereich Oktoelektronik (allerdings konzentriert in der Firma Carl Zeiss) müsste interessanter gestaltet werden durch Forschungseinrichtungen und Existenzgründungen, Zulieferdienste, sowie Dienstleistungsanbieter.

6. Im häufig zitierten Wettbewerb der deutschen Mittelgebirge im touristische Bereich entfällt auf die Schwäbische Alb ein erstaunlich geringer Anteil. Trotz idyllischer und abwechslungsreicher Landschaft liegen Übernachtungszahlen der Region weit unter dem Landes- und Bundesdurchschnitt. Inwieweit hier regionalökonomisch wirksame Impulse möglich sind, wäre zu überprüfen.

7. Eine hohe Standortkompetenz, hauptsächlich konzentriert im Raum Schwäbisch Gmünd, besitzt die Region im Designbereichbereich. Dieses Kompetenzfeld wird begründet durch eine Vielzahl von Designerbüros und der Fachhochschule für Gestaltung sowie einem Unternehmensnetzwerk, zahlreichen Einzelevents und einem geplanten Zentrum für Gestaltung. Dieses regionale Potential gilt im Rahmen der Regionalentwicklung in jeder Hinsicht zufördern.

8. Ein Regionalbewusstsein im Sinne einer regionale Identität fehlt weitest gehend diese spiegelt sich in der Unkenntnis der Bevölkerung in der Abgrenzung und Namen der Region ebenso wie in subjektiv/individuellen Raumwahrnehmung und Abgrenzung des Heimatraumes wieder. Hier findet die Regionalentwicklung ein breites Aufgabenfeld, denn ein Regionalbewusstsein ist für gemeinsame Aktionen und regionale Initiativen förderlich.

9. Wurde eine Analyse des Image der Region (Außenwirkung erstellt), dieses zeigte Mängel sie wurde zwar von außen besser beurteilt als von innen dennoch bedarf es gegebenenfalls einer Imagekampagne.

Diese Beispiele zeigen die breiten und vielfältigen Aspekte einer endogenen regionalen Entwicklungsuntersuchung um eine Region weiter vorwärts zubringen muss man nach einer Strukturanalyse wesentliche Bereiche herausarbeiten welche für die Region förderlich sind.

In dieser Diplomarbeit und Untersuchung wurden auf drei Aspekte Wert gelegt:

1. Aktivierung möglicher Raumpotentiale des Designs
2. Aktivierung des Regionalbewusstseins
3. Aktivierung des Fremdenverkehrs

Zu 1. Die Region Ostwürttemberg besitzt hohes Kompetenzfeld im Bereich Design ist erkennbar an der mit weltweit höchsten Designerdichte in der schwäbischen Stadt Gmünd. Konkurrenz dazu sind die Städte Berlin und Essen welche lokale Standortvorteile haben. So lautet nach Analyse die Strategie in Ostwürttemberg „Klein aber fein" d.h. die regionalen Potentiale sind international zu vernetzen.

Dieses wurde daraus abgeleitet das Schwäbisch Gmünd das größte Designerbüro der Welt ist. Deshalb muss man aus diesem Potential, Strategien zur Entwicklung der Region ableiten. Beginnend in der Fachhochschule zur Gestaltung in der Stadt Schwäbisch Gmünd müssen regionale Akteure, Professoren und andere mit ihrer Kompetenz eingebunden werden und kooperativ mit den Designerbüros arbeiten, forschen kommunizieren, weitere Werkstätten, das Know-how Transfer entwickeln und Dienstleistungen fördern.

Fazit des Verfassers zu Punkt eins.

Aus arbeitsmarktpolitischer Sicht stellt der Designbereich ein äußerst entwicklungsfähiges Wirtschaftsfeld in der Region dar.

Allein in Schwäbisch Gmünd (ca. 65 000 Einw.) arbeiten rund 250 Beschäftigte direkt im Design. Zu diesen müssen ferner die peripheren Dienstleistungen (Modellschreinereien, Fotolabors, Kopie- und Reprodienste u.a.) mit berechnet werden, so dass nach Aussagen lokaler Experten allein in Schwäbisch Gmünd eine Zahl von etwa 1000 direkt und indirekt in der Designbranche Beschäftigten angenommen werden kann. Zudem sehen nahezu alle Befragten arbeitsplatzrelevante Entwicklungsmöglichkeiten in den peripheren Diensten, da ein Nachfrageüberhang seitens der Designer vorhanden sei. Vor allem der Mangel im handwerklichen Zulieferbereich sowie an peripheren Dienstleistungen aus dem kommunikationswissenschaftlichen, dem journalistischen oder dem soziologischen Bereich wird immer wieder beklagt. Eine exakt definierte Standortpolitik könnte diesen Mangel an peripheren Diensten für die Designer beheben, neue Arbeitsplätze in Form von Unternehmensgründungen im Zulieferbereich schaffen und so schließlich die hohe Standortkompetenz durch Agglomerationseffekte ausbauen.

Zu Punkt zwei wurde das Regionalbewusstsein untersucht.

Es wurde festgestellt das in Ostwürttemberg das Regionalbewusstsein im Sinne einer Lebens und Arbeitweltlichen Verbundenheit nicht existiert.

Daraus wird vom Verfasser abgeleitet das bei der Herausbildung regionaler Identität die regionalen Medien wie zum Beispiel Zeitschriften, Radiostationen mehr Verantwortung übernehmen müssen.

Weiterhin wurde in den Untersuchungen festgestellt, das es bislang keine exakt definierte Institution in der Region gibt die sich für diesen Themenkomplex der regionalen Identität verantwortlich sieht, bzw. das sich die regionalen Akteure auf diesen Gebiet wenig untereinander koordinieren.

Weitsichtige Akteure, wie Beispielsweise die Vertreter der Radiostationen sind rar welche fähig wären das regional Bewusstsein zu entwickeln.

Hieraus ist abzuleiten, dass man die Medien zur Kooperation für ein Regionalbewusstsein unbedingt fördern muss.

Als letztes untersucht der Verfasser den Fremdenverkehr, obwohl Ostwürttemberg über ein großes touristisches Angebot verfügt und landschaftlich attraktiv ist und über Sehenswürdigkeiten und Kulturangebote verfügt sind die Hotels und Pensionen nicht ausgelastet.

Grund dafür ist die Organisation des Fremdenverkehrs.

Viele Fremdenverkehrsverbände arbeiten kooperieren nicht und suchen auch nicht den Dialog. Es sieht eher so aus, als das jeder gegen jeden arbeitet.

Dieses ist ein Potential welches man zur wirtschaftlichen Stabilität der Region weiter ausbauen kann.

Diese Potentialanalyse zeigt die Vielfältigkeit regionaler Entwicklung.

Deutlich wurde, dass Regionalentwicklung keinesfalls nur die Aufgabe traditioneller und politischer Akteure ist, sondern auch eine neue „change agents" bracht, um Basis und Bedürfnis gesteuerte regionale Prozesse und Veränderungen zu mobilisieren.

Diese neuen Akteure, wie beispielsweise Designer, Hörfunkredakteure oder Hoteliers müssen für ihre Bereiche und darüber hinaus regionale Verantwortung übernehmen.

Zusammenfassend nach P. Wirth muss man aber feststellen, dass trotz dieser entwicklungspraktischen und erkenntnistheoretischen

Befunde regionaler Entwicklung, vor allem in ländlich geprägten Räumen sich langsam und schrittweise und nie rasch und spektakulär vollziehen.

Zu viele Vorschläge von einem übertriebenen Aktionismus sind nicht förderlich.

Regionale Konzepte müssen deshalb, an der sozialen und ökonomischen Realität der Region orientiert sein und auf den tatsächlichen vorhandenen Eigenkräften aufbauen.

8.2. ein weiteres Beispiel, um endogene Potentiale zu fördern ist die Arbeit von Hartke

Er geht davon aus das die regionale Entwicklung durch aktive Kommunalpolitik vorangetrieben wird. D.h. das unter den heutigen und absehbaren Rahmenbedingungen eine regionale Entwicklung durch aktive kommunale Politik auf Landkreisebene und Gemeindeebene möglich ist.

Für ihn steht die Wiedergewinnung von Handlungsspielräumen räumlicher Planung über allen Überlegungen. Er spricht damit folgende Willensträger an (um nur einige zu nennen): Raumordnung des Bundes als Politikfeld und Ressortaufgabe, Ressorts wie Wirtschafts- und Landwirtschaftsministerien, Sozialministereien und die Träger von Querschnittsaufgaben, wie die für die Landesentwicklung zuständigen Planungsstäbe, Regionale Landesplanung der Länder, Verbände und Kammern der privaten Wirtschaft, gesellschaftliche Gruppen wie Gesellschaften und private Wirtschaftssubjekte (Familien, soziale Gruppen).

Außerdem betont er, dass neue Umsetzungskonzepte und Methoden für Regionalprogramme neuer Prägung und für lokale Entwicklungsstrategien notwendig sind.

Gefragt ist das machbare, das finanzierbare, eine auch zeitlich und im kommunalpolitischen Prozess vermittelbare, überschaubare Problemlösungsperspektive.

Zusammenfassend plädiert Hartke für lokale Strategien im Rahmen regionaler Entwicklungskonzepte.

Diese sollen erstens mehrstufig sein, zweitens flexibles eingehen auf regionale Besonderheiten und Problemlagen, drittens er plädiert für eine Neuinterpretation des Gegenstromprinzips, viertens plädiert er für staatliche Hilfen für lokale Strategien.

Eine wichtige Handlungschance liegt seiner Meinung darin Regionalprogramme auf überörtlicher Ebene in die Laufenden entwicklungspolitischen Bemühungen des Landes einzubeziehen sowie eine stärkere Territorialisierung auf allen Ebenen.

Wenn man lokale Aktivierungsstrategien etablieren will muss man für die Einbindung in ein übergeordneten Rahmen und den Interessenausgleich sorgen..

8.3. Das Stärken- Schwächen- Profil nach (H. Zettwitz, 2001) für die Oberlausitz

Die Gebiete mit besonderen Entwicklungsaufgaben wurden im Herbst 2000 mit einem Kabinettsbeschluss der Staatsregierung des Freistaates Sachsen abgegrenzt.

In der Region Oberlausitz-Niederschlesien umfasst dieses Gebiet die Landkreise Löbau-Zittau, Niederschlesische Oberlausitz, Teile der Landkreise Kamenz und Bautzen sowie die kreisfreien Städte Görlitz und Hoyerswerda

Die Staatsregierung verfolgt das Ziel, regionale Entwicklungsprozesse durch Mobilisierung von Eigenpotentialen voranzubringen. Die Stärken-Schwächen-Analyse dient dem Ziel, über eine Potentialanalyse ausgewählter Kriterien, die eine wirtschaftliche Entwicklung beeinflussen, zu Aussagen über intraregionale Potentiale (Stärken) und Defizite (Schwächen) zu gelangen. Diese Potentialanalyse wird für eine realistische Bewertung der Situation in der Oberlausitz für die gesamte Region Oberlausitz-Niederschlesien erstellt, um beispielsweise die vorhandenen unterschiedlichen Entwicklungsräume (Raumtypen) und deren Verflechtungen herauszustellen.

Dieser Ansatz dient der Erklärung von intraregionalen Potentialen in der Gesamtregion im allgemeinen und deren Ableitung im besonderen für das Gebiet mit besonderen Entwicklungsaufgaben in der Oberlausitz. Da durch die Abgrenzung des Gebietes mit besonderen Entwicklungsaufgaben mögliche intraregionale Stärken und Schwächen übersehen werden könnten, wurde dieser gesamtregionale Ansatz gewählt. Neben dem Erkennen intraregionaler Potentiale ist eine regionsweite Betrachtung für das Verständnis der überregionalen Verflechtungen der Region wichtig. Die räumlichen Verflechtungen der Region mit den Zentren außerhalb (z. B. Dresden, Senftenberg) sind für die Ableitung von Entwicklungsstrategien ebenfalls zu beachten. Ausgehend von der Potentialanalyse wird über die räumlich differenzierte Ausprägung von Entwicklungsunterschieden für die gesamte Region und für das Gebiet mit besonderen Entwicklungsaufgaben ein Stärken-Schwächen-Profil formuliert. Abschließend werden dazu Kernprobleme benannt und Entwicklungsziele zur Überwindung vorgeschlagen. Inhaltliches Konzept ist eine Potentialanalyse, die endogene Entwicklungspotentiale aufdeckt. Ziel ist es, dass endogene Potentiale erkannt und "aktiviert" werden, um zusätzliche Entwicklungsimpulse in der Oberlausitz zu initiieren.

8.4. „endogene Regionalentwicklung" ein Fallbeispiel aus Südindien

Für die entwicklungspolitische Praxis werden Potentiale aus zwei Blickrichtungen diskutiert. Zum einen geht es um die Identifizierung und Aktivierung traditionell bereits vorhandener Rahmenbedingungen, zum anderen bemüht man sich um die Neuschaffung von entsprechenden Entwicklungsvoraussetzungen.

- welche dieser Möglichkeiten jeweils in Frage kommt, hängt sowohl vom regionalen Kontext als auch von den spezifischen Zielvorstellungen „endogener" Regionalentwicklung ab

- hierzu ein Beispiel aus Südindien, das eher auf traditionell vorhandene Potentiale setzt

- die Anfang der 80er Jahre in Südindien einsetzende Bewegung „Development Through Indigenous Resources" ist ein typisches Beispiel für das Bemühen um „endogene" Regionalentwicklung für ein Entwicklungsland

- getragen wurde das Entwicklungsprojekt von einer nichtstaatlichen Entwicklungsgesellschaft dem „Indian Cultural Development Centre"

- die ländlichen Entwicklungsprojekte des ICDC streben einen Aufbau von unabhängigen Dorfstrukturen an, dazu gehört der Bau einer dörflichen Versammlungshalle oder die Renovierung eines bestehenden Dorftempels als Gemeinschaftszentrum

- hier werden in öffentlichen Versammlungen die Ziele und Mittel für eine eigenständige Dorfentwicklung festgelegt

- Zu den entsprechenden Maßnahmen, gehören der Bau fester Häuser für dörfliche Armutsgruppen auf eigenen Grundstücken; die Verwendung einheimischer Getreidesorten und die Anlage von Hausgärten für den Eigenbedarf; der Bau kleiner Bewässerungsanlagen, und gemeinschaftliche Formen der Haltung und Nutzung von Klein- und Großvieh

- im Rahmen „endogener" Regionalentwicklung sind es vor allem zwei spezifische Ansätze des ICDC, die für die Diskussion um „endogene Potentiale" bemerkenswert erscheinen: der gezielte Einsatz traditioneller gesellschaftlicher Organisationsformen und die bewusste Nutzbarmachung traditioneller kulturräumlicher Strukturen für ländliche Entwicklung

- Für Theorie und Praxis „endogener" Regionalentwicklung im Sinne von „Development Through Indigenous Resources" stellen derartige, auf lokale Institutionen, kleinräumige Wirtschaftskreisläufe, soziale Gemeinsamkeiten und regionale Identitäten ausgerichtete Raumstrukturen deutlich günstigere Rahmenbedingungen dar als die modernen

Raumgliederungs- und Planungseinheiten, die das „nadu" in Form von Distrikt- und Landkreisgrenzen als territoriale Einheit geradezu zerstückelt haben (bei den ursprünglichen „nadus" handelt es sich um lokale, aus einem Verband von 20 bis 50 Dörfern bestehende territoriale Grundeinheiten des ländlichen Raumes, sie bildeten die untersten territorialen Einheiten der politischen Landschaft, besaßen eine weitgehende politische Autonomie und eine weitgehende ökonomische Autarkie ,

8.4.1. Ausblick nach Hartke 1984

- eine Verknüpfung von dezentralistischen Ansätzen und regionalistischen Ansätzen könnten der bereits wachsenden Bedeutung „endogener" Entwicklungsansätzen in Indien in Zukunft ganz neue Dimensionen verleihen.

- Beachtung müssten dabei allerdings die folgenden Problembereiche finden, die im Zusammenhang mit „endogener" Regionalentwicklung als besonders kritisch einzuschätzen Sind.

- die Gefahr eines Rückzuges des Staates aus der Verantwortung für Teilräume als eine Folge „endogener" Entwicklungsansätze

- die Gefahr einer „passiven Sanierung" ländlicher Peripherieräume

- die Gefahr einer unzureichenden Berücksichtigung sich selbst tragender wirtschaftlicher Entwicklungsdynamik

- die Gefahr einer Konfliktverlagerung „von oben nach unten"

- die Gefahr einer Stützung „traditioneller" Ungleichheiten und Abhängigkeiten

- Insgesamt ist zu sagen, dass endogene Potentiale für Wege aus der Unterentwicklung entscheidend sind. Kooperation von außen kann zwar zur Abmilderung von Ungleichheiten beitragen, wird aber nicht an die Stelle endogener Entwicklungspotentiale treten können.

Ein weiteres Beispiel möchte ich aus der Arbeit von Rainer Land zur wirtschaftspolitischen Gestaltungsmöglichkeiten in Ostdeutschland nennen.
R. Land ist der Meinung die ostdeutsche Wirtschaft kann Rückstände nur aufholen, wenn sie einen zu Westdeutschland komplementären und sich in die europäische Wirtschaft einpassenden eigenen Entwicklungspfad sucht.
Dabei setzt er folgende Ziele:

- Suche und Lokalisierung endogener Potentiale und Lokaler Akteure
- Identifizierung möglicher Kooperationsbeziehungen zwischen größeren Betrieben und regionalen Ressourcen. Unterstützung der Kommunikation.
- Projektentwicklung für den Auf- und Ausbau von Kooperationsketten und Netzwerken im rahmen integrierter Regionalentwicklung
- Finanzierung der Entwicklung der Unternehmen im Netzwerk durch Kapitalbeteiligungsgesellschaften mit Rückfluss der Mittel nach Erreichen der Wirtschaftlichkeit

Dabei bezeichnet er folgende Ressourcen und komplementären Entwicklungspfad.

1. Endogene Potentiale

Zu den nutzbaren Potentialen zählen nach seinen Forschungsergebnissen neben den verbliebenen etwa 50 größeren Betrieben, den aus der Treuhand- Privatisierung, durch Rückübertragung und Neugründungen entstandenen vielen kleinen Betrieben auch noch und gehobene Schätze.

Solche spezifischen Ressourcen sind in Ostdeutschland regional verschieden.

Sie reichen von eher kleinteiligen Maschinenbau in Thüringen und Sachsen über das Chemiedreieck und die Nahrungsgüterproduktion bis zu den Werften an die Ostseeküste.

Dazu gehören besonders die universitären und außeruniversitären Potentiale der Forschung und Entwicklung und die spezifischen kulturellen Ressourcen der städtischen und ländlichen Gebiete.

Ein komplementärer Entwicklungspfad kann auf solchen lokalen und Regionalen Ressourcen aufbauen.

Unter den gegebenen Bedingungen ist kaum zu erwarten, dass endogene Potentiale über eine Selbstorganisation wirksam werden. Regionale Potentiale und Akteure müssen auch von außen gesucht und gestützt werden. Das Instrumentarium der Regulation eines komplementären Entwicklungspfades muss intelligent sein- in dem Sinne, dass es in der Lage ist, regional differenzierte und spezifische Ressourcen zu erkennen, sie auf ihre Entwicklungsfähigkeit zu testen und über ein Modernisierungsprozess in neue Wirtschaftsstrukturen zu integrieren.

2. Innovationen, Rekombination endogener Potentiale

Er geht davon aus, dass ein komplementärer Entwicklungspfad die globalen und überregionalen Entwicklungstrends aufnehmen muss und bei der Reorganisation und Restrukturierung lokaler und regionaler Ressourcen geltend machen soll.

Dazu gehören:

- Ökologisierung der Produktion und Konsumtion

- eine flexible differenzierte auf die Bedürfnisse der Kunden eingehende kleinteilige Massenproduktion welche regional und überregional mit Zuliefern und Märkten verbunden ist

D. h. ein entsprechendes Regulationsinstrument muss insbesondere die Implementation von Innovationen und ihre Rekombination mit lokalen Ressourcen ermöglichen.

Dadurch das sich die Entwicklungsschwerpunkte von Region zu Region unterscheiden muss man auch unterschiedliche Schwerpunkte setzen, dass sind unter anderem:

- ökologischer Umbau der Energieerzeugung und Verwendung

- intelligente Altlastensanierung

- Ökologisierung der Nahrungsgüterproduktion und der Textilproduktion mit qualitativ hochwertigen Produkten

- Umbau der Verkehrsinfrastruktur

- innovative Umgestaltung des Stadtverkehrs

Zur Nutzung dieser endogenen Potentiale macht er unter anderen folgende weitere Vorschläge:

- regionale und überregionale Vernetzung fördern

- Wertschöpfungsketten in hoher Intensität ausbilden

- Synergieeffekte nutzen und auf überregionalen Märkten aktionsfähig machen

- Modernisierung der Produktion

- Einbeziehung der Forschung

Die Infrastrukturinvestitionen sollten aber zielgerichteter zur Erschließung endogener Potentiale durch Innovation und Vernetzung beitragen.

Infrastrukturinvestitionen sollten regional geplant und realisiert werden.

Auch die politische Förderung von Neuansiedlungen und Gründungen muss bevorzugt auf solche Betriebe orientiert werden, die in dem zu entwickelnden Netzwerk endogener Potentiale Lückenschließen und die im Kontext regionaler Entwicklungszusammenhänge für Innovationen, Qualität, Markterschließung und Wertschöpfung bedeutsam sind.

Er legt deswegen Wert darauf, dass bei Ansiedlung bzw. Neugründungen, die kaum regional integriert werden, die Gefahr der Abwanderung oder Schließung nach auslaufender Förderprogramme besteht.

Zusammenfassend unter Einbeziehung endogener Potentiale kann man sagen:

Um regionale Ressourcen und Akteure aufzufinden und nutzbar zu machen muss ein Kommunikationsprozess zwischen regionalen und externen Akteuren in Gang kommen.

Dafür ist eine regionale Entwicklungsplanung geeignet, wenn sie systematisch wirtschaftliche, politische, wissenschaftliche Kompetenz hinzuzieht.

Gleichzeitig ist eine Projektentwicklung von unten seitens der regionalen Akteure zu fördern bzw. zu finanzieren.

Ein weiteres aktuelles Beispiel zur regionalen Entwicklung unter der Einbeziehung endogener Potentiale möchte ich noch erwähnen.

Vom 11. bis 12. Oktober 2002 fand das Südharzsymposium in Bad Sachsa statt.

In Vorträgen von Prof. Dr. I. Mose und Dipl. Geogr. Y. Brodda kam folgendes zum Ausdruck.

Der Bedeutungsgewinn von regionalem ist für die praktische Frage der Regionalentwicklung und Politik zur Entwicklung des Südharzes von vorrangigen Interesse. Dieses betrifft:

- die regionale wirtschaftliche Entwicklung, Verkehrs-, Bevölkerungs-, und Umweltentwicklung, sowie

- die Probleme der Veränderungen ländlicher Räume und die regionale Wirtschaftspolitik

Sie gingen in der Diskussion davon aus, dass

- Ende der 70iger Jahre eigenständige Konzepte zur ökologischen Regionalentwicklung häufig auf regionale Autonomie und Abkopplung angelegt waren

- Während der zweiten Hälfte der 80iger Jahre wurden diese Konzepte erweitert auf die „endogenen Erneuerungen", die eher auf Instrumente zur Ergänzung der traditionellen

Regionalpolitik verstanden wurden.

- In den späten 90iger Jahren wurden diese in Ansätzen einer nachhaltigen Regionalentwicklung in die ganzheitliche Betrachtung regionaler Entwicklungsprozesse einbezogen.

Heute stehen im Mittelpunkt der Neuorientierung der Regionalpolitik folgende Aspekte:

1. Regionalpolitik auf Basis endogener Potentiale
2. Formale Erneuerung der Regionalpolitik
3. Regionale Kooperation als Motor der Regionalentwicklung
4. Partizipative Regionalentwicklung

Zusammenfassend lässt sich ableiten das diese Schwerpunkte eine fortschreitende Neuorientierung der Regionalpolitik, die sich vorrangig auf die gezielte Nutzung der endogenen Potentiale, die formale Erneuerung der Regionalentwicklung, den Aufbau geeigneter Formen der regionalen Kooperation sowie die verstärkte Partizipation der regionalen Bevölkerung stützt.

Insbesondere wurde in die Diskussion eingebunden wie sich die Menschen im Südharz mit ihrer Region identifizieren. Aus der Untersuchung dieser endogenen Potentiale ergab sich die Region Südharz existiert bislang nur als physische Region, als geogen bedingte naturräumliche Einheit, nicht aber als funktionale Region. Um die Region weiter zu entwickeln, ist an den endogenen menschlichen Potentialen des Südharzes anzuknüpfen, dazu wären detaillierte soziologische Untersuchungen in der Region notwendig.

Im Kontext wird festgestellt: mit Hinblick auf diese Feststellung muss vornehmlich geklärt werden ob die Region Südharz von außen Stehenden überhaupt wahrgenommen wird, d.h. ob der Südharz für sich genommen identifizierbar und verkaufbar wäre

9. Zusammenfassung

Zusammengefasst kann gesagt werden, dass die endogenen Strategien und Projekte im Vergleich zu traditionellen Strategien besser auf die Erfordernisse und Bedingungen der jeweiligen Region Rücksicht nehmen und nicht als Theorie, sondern als Teil einer notwendigen Strategie zur Entwicklung einer Region zu sehen sind.

- Wirtschaftliche, unternehmerische und soziale Zielgruppen werden durch Projektentwicklung vor Ort und durch eine höhere lokale Beteiligung besser erreicht.

- Die Theorien der endogenen Potentiale verstehen sich als Alternative und Ergänzung zu anderen Konzepten.

- Eine endogene Entwicklung auf gebietskörperschaftlicher Ebene ist nicht denkbar ohne finanzieller, ideelle, konzeptionell- ideenmäßige und regionalpolitische Hilfe übergeordneter Instanzen (Hartke 1994).

10. Probleme und Kritik

- schwache theoretische Fundierung

- Endogene Potenziale in Peripherräumen oft zu gering, um wirtschaftliche Entwicklung auszulösen.

- v.a. in entwickelten Ländern eher komplementärer Beitrag zu anderen, exogenen Strategieansätzen

11. Schlussfolgerung

- Ein komplementärer Entwicklungspfad muss die global und überregional sich abzeichnenden Entwicklungstrends aufnehmen und bei der Reorganisation und Restrukturierung lokaler und regionaler Ressourcen geltend machen.

- Dazu gehört erstens die Ökologisierung der Produktion und Konsumtion;
- dazu gehört zweitens eine flexible, differenziert auf die Bedürfnisse der Kunden eingehende kleinteilige und verschlankte Massenproduktion, die über regionale und überregionale Netzwerke mit Zulieferen und Märkten verbunden ist.
- Ein entsprechendes Regulationsinstrumentarium muss daher insbesondere die Implementation von Innovationen und ihre Rekombination mit lokalen Ressourcen ermöglichen.

- Innovationen dürfen aber nicht auf hochtechnologische Produkteigenschaften oder Herstellungsverfahren verkürzt werden. Sie müssen Organisation, Rekombination und Vernetzung sowie die entsprechende Ausdifferenzierung der Märkte einschließen verbunden mit Rahmenbedingungen der Kommunalpolitik.

- Eine Lösung an sich wird es nicht geben und das Modell zur absoluten Entwicklung einer Region, da wir immer von regionalen, nationalen und internationalen Entwicklungen und Einflüssen der Wirtschaft und Politik abhängig sind. Es kann nur Ansätze geben, welche notwendig sind wie z.B. die Theorie der „endogenen Potentiale um regionale Bedingungen zu untersuchen und daraus praktisch notwendige Handlungen zur Entwicklung abzuleiten.

- Aus den dargestellten Beispielen national und international kann man ableiten, dass die Strategieansätze der endogenen Potentiale unterschiedlich anzuwenden sind, da die Entwicklungsstände quantitativ und qualitativ in den Regionen verschieden entwickelt sind.

Literatur

Bohle H.G.: Zeitschrift für Wirtschaftsgeographie: „Endogene Potentiale" für dezentralisierte Entwicklung: Theoretische Begründungen und strategische Schlussfolgerungen, mit Beispielen aus Südindien. Frankfurt am Main.

Hahne U. (1984): Endogenes Potential: Stand der Diskussion. Hannover

Hartke S. (1985): Regionalprogramme und Neue Umsetzung in Ländlichen Räumen- Lokale Entwicklungsstrategien. Hannover

Hartke S. (1985): Geographische Rundschau: "endogene" und "exogene" Entwicklungspotentiale. Heft 8.

Hartke S.: Zusammenfassende Einführung in den Gesamtansatz. Hannover

Maier G., Tödtling F. (2002): Regionalentwicklung und Stadtökonomik. Wien

Reinold E.Thiel (HG.) (20001): Neue Ansätze zur Entwicklungstheorie. Deutsche Stiftung für internationale Entwicklung (DSE). Informationszentrum Entwicklungspolitik (IZEP). Bonn

Schätzl L. (2001): Wirtschaftsgeographie 1 Theorie. 8. Auflage. Paderborn